『美容美髮專書－①』

美容美髮與色彩

蕭本龍　編著

序　言

　　民國五十一年，我拿了全部的財產美金 200 元及兩隻小猴踏上一條開往橫濱待解體的老船，船出了高雄港口我就暈船了，可憐的小猴子也跟著暈船，我們三個一直暈到日本，也開始了我辛苦又愉快的留學生活，一邊打工一邊求學，只有跟我一樣有這種經驗的窮留學生才能體會箇中滋味，好在我進了國立大學，在日本國立大學的學費大概平均起來，只有私立大學的 1/10，而我自己也爭氣一直保持最優的成績。

　　我一直愛好「美」的東西，在台灣讀的是師大美術系，在日本唸的是工業設計與色彩學，返台後一直也從事與「美」有關的教學工作，最初尤其是對服裝畫的興趣最濃。

　　真正對美容、美髮開始關心的是在 25 年前被資生堂邀請去演講有關色彩美學的時候，後來與美容、美髮界的石美玲女士與黃馬莉女士以及麗的髮廊的方先生等前輩的接觸，才慢慢看清台灣美容、美髮的技術及經營水準不低，但美容、美髮師的一般美學素養都不高，尤其是色彩學與素描的能力都偏低，這個與我們的社會環境以及整個的美容、美髮的教育體系有密切的關係。

　　美容、美髮界偏低的這些正好是我的專長也是我的最愛，我曾到哥本哈根、漢堡、柏林、倫敦、巴黎、布盧塞爾、羅馬、翡冷翠、東京、紐約參觀這些較先進的服裝設計，美容、美髮的教育情況也利用寒暑假到東京進修有關課程，為了收集新資訊前後光是巴黎就去了 6 次，東京大概不下 100 次了，每次回程光是書的超重費算起來大概可以買一部高級進口車了。

　　稍早時曾出版了幾本尚暢銷的服裝畫書，近幾年才著筆寫了有關美容方面的書，一本名叫「色 Q 與品味」，另一本是「彩妝設計」兩本都是有關美容的書，雖然兩本反應都不錯，也都在初版時銷售完了，但都沒再版（目前成了絕版書），主要原因總覺得不是很完美，覺得自己應該可以寫的更完美些。

　　去年在高雄文化中心舉辦了一次規模不算小的「流行設計」展，反應意外地熱烈，受到展覽的良好鼓勵才下決心寫這本書，年初開始寫終於在暑假結束前完稿。

　　本書最大的特色是把台灣一般美容、美髮設計師較弱的造型、色彩學以及素描連貫在一起，教您如何畫臉形、如何畫髮形、如何配色、如何彩妝、如何把染髮與彩妝串連，這種書尚沒在台灣出現過，書內一百多幅美容、美髮的相關畫稿，全是本人親手畫的沒有一張引用他人的。

　　如果能讓您喜歡這本書，絕對可以提昇您的審美水準，如果能獲得台灣美容、美容界的肯定，而有助於提昇台灣美容、美髮界的一點點水準，將是本人最大的期待與最高的榮幸。

　　本書的編排由雲林科技大學工業設計系劉寶汝同學，以熟練的電腦操作及努力

工作一整個月才得於順利完成，真是太感謝了。

　　本書的完成，我必需感謝平時一直支持我的高雄市女子美容商業同業公會張順評理事長，還有樹德科技大學流行設計系系主任廖淑貞博士的鼓勵，另外台灣環保界及愛鳥界的聞人歐瑞耀董事長夫婦的支援是我完成這本書的最大助力，以這本書的出版聊表一點點對以上幾位女士、先生的謝意與敬意。

　　這一生最重要的時段都流浪在外，返鄉這一年多親人溫馨的雙手是我這一輩子感覺最溫暖的，對我這個孤獨的老人，我怎不珍惜？另外學生給予的掌聲是我最大的欣慰，我會更努力來報答各位的關心。

　　這次的完整出版，新形象出版事業有限公司董事長也是我的幾十年的好友陳偉賢先生的協助是最大功臣。在此讓我說一聲「謝謝」！

蕭本龍

2001. 8. 31.

美容、美髮與色彩

目錄

著者與法國名服裝設計師 Dana'e 研究設計問題

著者與世界名服裝畫家矢島功來訪時合影

著者應邀在美國密西根大學藝術學院講授配色藝
術

著　者：蕭本龍
簡　歷：
學　歷：
高雄中學
　台灣師大藝術系－文學士
日本國立千大工學研究所畢－工學碩士
經　歷：
大同工學院專任教授兼系主任
實踐家專兼任教授
銘傳商專專任教授
台南女子技術學院美容科特約講師
資生堂特約講師
行政院勞委會職訓局乙級美容技術士技
能檢定規範修訂委員會委員
現　任：
高雄市女子美容商業同業公會顧問
美和技術學院　美容科兼任教授
樹德科大　流行設計系兼任教授
國立雲科大　工業設計系兼任技術教師
國立成大　工業設計系兼任專家

第一章　素描之重要性

所謂素描是在繪畫欲表現的對象物，以最單純的方法把物體的形狀、特徵、質感表現於平面上，英文中的Drawing就很接近我們的素描的概念。

廣義的素描：將自然、複雜的景物掌握其最美、最有秩序的部份，以最優美最簡單的方法表現於平面上。

圖二

平面是二度空間而物體是三度空間，在平面上表現三度空間最重要的是要掌握物體的明暗，素描的訓練則在於如何利用明暗在平面〈一般是紙〉上正確表現其立體感。（如圖一）

因此對於畫家來說，素描是必須的技能外，舉凡需要利用圖來做爲溝通的設計師來說，素描更是必備的技能。

如室內設計師的室內透視圖（圖二）、產品設計師的產品預想圖（圖三）、髮型設計師的髮型設計圖、美容師的美容彩妝圖等，這些實用的設計圖無一不利用到素描的功力，而素描功力的充實，有助於設計師提昇整體的審美力。

圖一

圖三

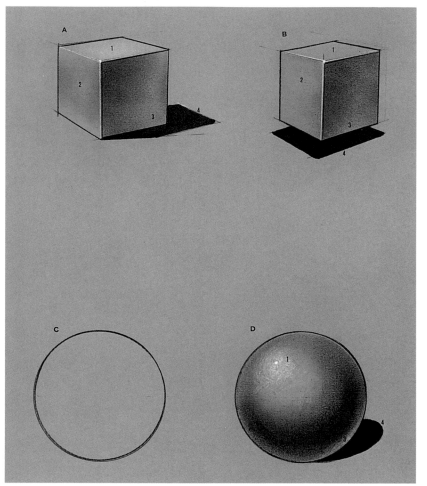

圖四

我們來看一下，圖四中的A、B、C、D，任何物體我們要看到它的存在必需有光，光能使物體產生受光面、背光面與影子，這三者的存在才能使視覺意識到物體。

1. 受光面
2. 側光面
3. 背光面
4. 影子

影子是用來說明物體與週圍的關係非常有用的東西，如圖A的影子表示立方體貼於平面上，而B的影子則說明立方體浮於平面上，如果沒有影子的話則說明立方體浮於太空中，另外我們必需注意到球體D的3和4在接觸處要有反光的存在，這個反光在立體的表現上是非常重要的。

我們再來看看圖C，我們看不到受光面與背光面，因此我們無法意識到圖是平面或立體的。

素描的訓練不但使人的表現能力提昇，更重要的是有助於一個人觀察力與審美力的提昇。

第二章　美容、美髮設計師與素描

　　設計師與畫家都是藝術家，設計師所從事的工作我們稱之為實用藝術，如建築、工業設計、美容、美髮之設計等，而畫家所從事的是純粹藝術，兩者共同點都是在追求美的事物，所不同的是實用藝術所追求的除了「美」的要素外，「實用性」與「經濟性」是不可缺的，一般畫家則不必考慮到此。

　　一般設計師所從事的工作大部份都是有雇主，所設計的東西必需滿足雇主的要求，因此與雇主的溝通是必要的，目前設計師與雇主溝通最快又最經濟的莫過於設計圖，建築師就必需提出建築透視圖，汽車設計師就必需提示汽車預想圖。

　　一樣地，美容設計師與美髮設計師與客戶之溝通能用設計圖提示最理想，這些設計圖必需具備素描的功力才能完全表達，但遺憾的是台灣的美容、美髮設計師就是缺乏素描的功力。

圖五

圖六

9

圖七

　素描的功力不只使用於設計圖，其實素描有助於美髮設計師的
髮型設計，同樣地更有助於美容設計師的彩妝設計。

　我們來看一下圖七的A、B、C，如果這三張設計圖是不同的三位
美髮設計師所提示給客人看的，相信任何客人都不會看上A，原因是
「不美」，也許大部份的客人比較喜歡C，但對於設計師來說C太花
時間，不合乎「經濟性」，理想的設計圖以B為宜。但平常練習則
必需到有C圖的功力為宜。

如果客人的要求是彩妝與髮型的頭部整體設計的話，設計師就
必需完成如圖八的設計圖。

圖八

第三章 五官與臉型比例

第一節 眼睛與眉毛之畫法

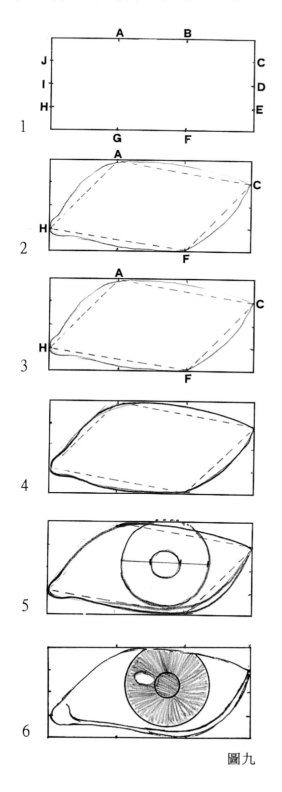

1. 先以高為1寬為2.3的比例畫一長方形，上下三等份，左右四等分。

2. H為眼頭，C為眼尾連結AH、AC、CF以及HF，輕輕地把眼框畫出。

3. 邊修正邊把眼框用2B鉛筆清楚地畫出。

4. 畫出眼球，眼球的上方被上眼皮線蓋住一小部份為宜，瞳孔為眼球之三分之一。

5. 瞳孔左上方留一點光澤點，眼球內用2B鉛筆成放射性塗滿。

6. 用紙筆把眼球內推平，先畫雙眼皮線再畫睫毛，上睫毛長度約與瞳孔直徑長為宜，下睫毛略短，注意睫毛之方向與密度。

圖九

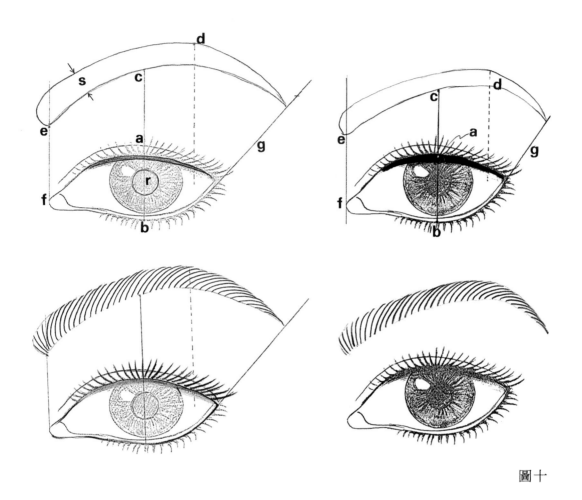

圖十

7. 通過眼球中央畫一垂直線，使ab＝ac求出c點，再從眼頭f點往上畫一垂
直線，使ef＝ac，延長下眼尾線g，依fa之曲線連ec並延長之在眼尾的眼
白中央上方開始往下彎，彎度與雙眼皮線略成平行為宜。再加上眉毛
的厚度上線，要注意的是眉毛的最粗處「s」不超過瞳孔的直徑「r」。

　　如果喜歡眉毛再近點眼睛的話，可參考右圖a點取在上眼皮上即可，其
他方法與左圖一樣。

13

第二節　其他五官與臉形比例

鼻子的位置與畫法

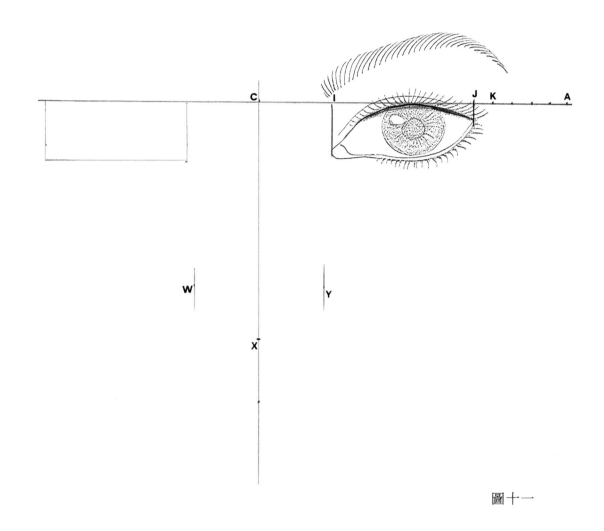

圖十一

1. 在畫好的左眼眼皮上畫一水平線，I J為眼寬，再取C點使CI＝1/2 I J，取
A使JA＝2/3 I J，則C成為中心點，A為臉寬點，在C點引一垂直線，把
JA 5 等分，K為第一等分點，在垂直線上取CX＝CK，則X為鼻長點，
鼻寬WY比眼寬稍小一點即可。

嘴的位置

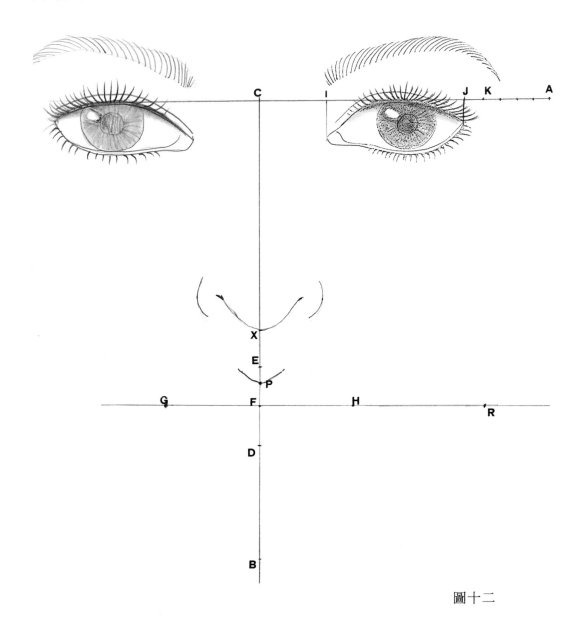

圖十二

2. 以C點為中心點畫出左邊的對稱眼－右眼，通過X點畫出鼻形。
3. 在垂直線上取B點使CX＝XB，再取XD＝DB，則B為下巴點D為下唇點。
4. 在XD上取三等分E、F。P為EF之中心點。
5. 通過F點畫一水平線，在水平線上取GH，使GH＝EB，GH則為嘴寬，通過P點畫出上唇的中央V字形。
6. 取FR＝CK，R點則為標準臉的臉寬點。

第三節　臉線的畫法

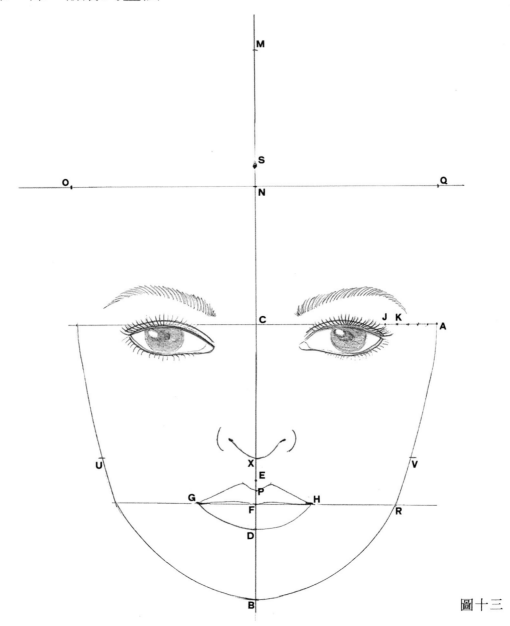

圖十三

7. 通過GPHD畫出嘴形如圖所示。
8. 連結ARB畫出臉形，AR為較緩和之曲線，在R處做較急的轉彎到B點
   ，再畫出對稱的臉線。
9. 延長中心線並在中心線後取BC＝CM、CN＝NM，通過N點畫一水平線
   ，在線上取OQ點，使NQ稍大於CA，M點為頭頂點，OQ為頭部之最寬
   點。
10. 在MN上取一S點，使SN＝1/10MN，則S點為頭髮的長出點。
11. 通過X點畫一水平線，交臉形線於UV點，則UV為耳朵的下端點。

第四節 完成臉形

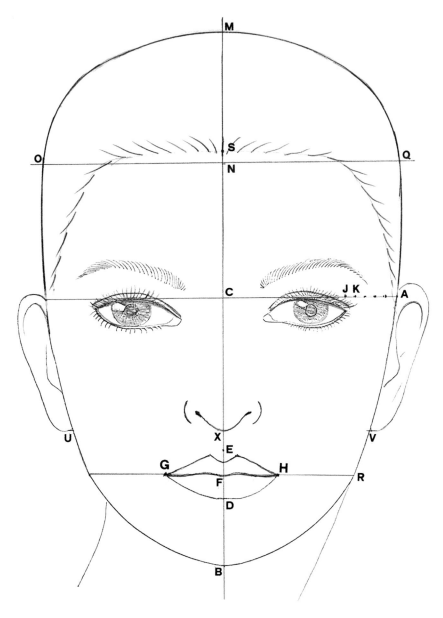

圖十四

11. 順著ＲA延長至Q，由Q處再作較急的彎線連M，同樣畫出對稱線，通過S點再畫出髮線。
12. 由A點往上畫半圓，順著往下連結V點，耳朵最寬處以不超過眼球直徑為宜。
13. 順著ＡR畫出頸部線，頸部寬以ＣD為準為宜。

第四章　五官的立體圖

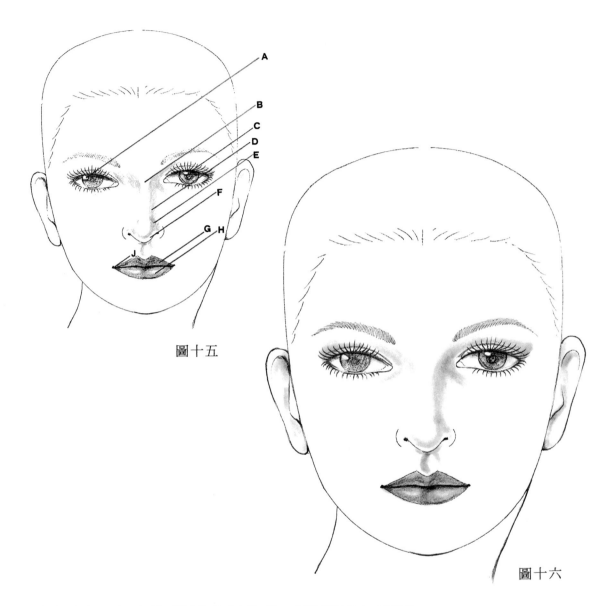

圖十五

圖十六

五官位置、大小比例都畫好後依下面順序加明暗：
  A.眼裡用4B加暗
  B.畫鼻影時B處地方不宜留太寬
  C.眼球內的光澤必需非常明顯地留一橢圓形之白點
  D.鼻影要直
  E.處加強並開始轉彎
  F.鼻球最下方必需留一道反光
  G.上唇必需比下唇顏色稍深
  H.下唇宜留光澤處
  J.嘴角兩邊加深色

第五章　各種臉型的畫法

第一節　標準臉的畫法

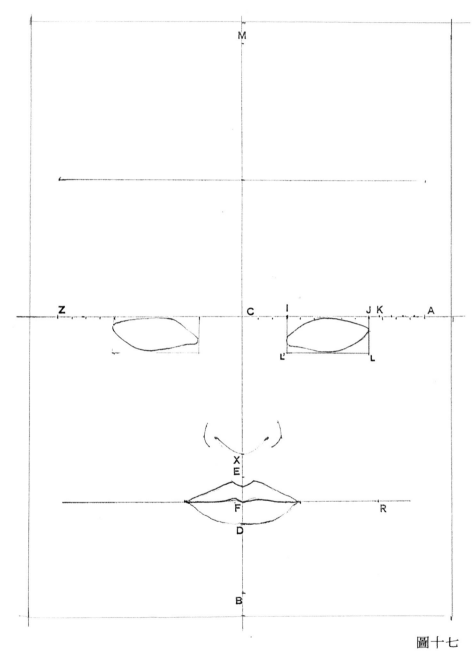

圖十七

1. 在欲畫的白紙上先畫一中央水平線ZA，以及垂直線MB，使MB：ZA＝10：6.6，其交點定為C。
2. 在CA線上取13等分，從C算起第3點定為I，第9點定為J，則IJ為眼睛的長度，以IJ為長邊畫一長方形IJLL'，使IJ：JL＝2.3：1。
3. 在長方形內畫出眼睛後，其他畫法參閱第三章既可。

完成的標準臉形

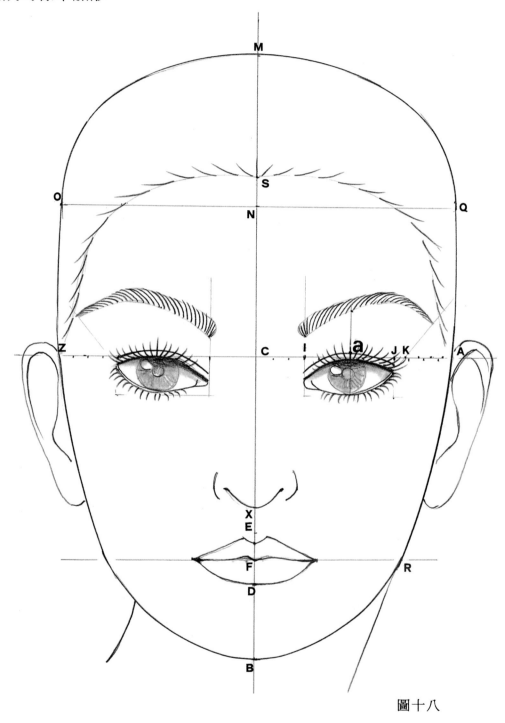

圖十八

※此標準臉與第四章所畫的標準臉不一樣的地方在於眉毛，這張眉距的基準點a取在雙眼線上，因此眉毛與眼睛的距離較寬，另一張的a點則在眼框上。

第二節　尖形臉(倒三角形)

圖十九　尖形臉之完成圖

　　臉長ＭＢ與臉寬ＺＡ的比例與標準臉形一樣都是10：6.6，不一樣的是ＦＲ之長度，使ＦＲ＝ＣＪ則可成為尖形臉，其他畫法與標準臉一樣。

第三節　方形臉

圖二十　方形臉之完成圖

　　臉長MB與臉寬ZA的比例一樣都是10：6.6，FR的長度與其他臉形不一樣，FR＝CN（N點爲AJ之中點），在R處有一較明顯的轉彎。

第四節　菱形臉

圖二十一　　菱形臉之完成圖

　　菱形臉的臉部與尖形臉同，不一樣的地方是頭部，如圖所示O處比其他的臉形要縮進一些，其他與尖臉形同。

第五節　圓形臉

圖二十二　圓形臉之完成圖

　　圓形臉也稱娃娃臉，最大的特徵呈圓型，臉長ＭＢ與臉寬ＺＡ的比例是10：7.2，最大的畫法不同點在於Ｘ點的取法，一般Ｘ點由ＣＫ來取，圓形臉不能取ＣＫ必需由ＣＢ之1/2點（中點）來取，其他方法與標準臉略同

第六節　長形臉

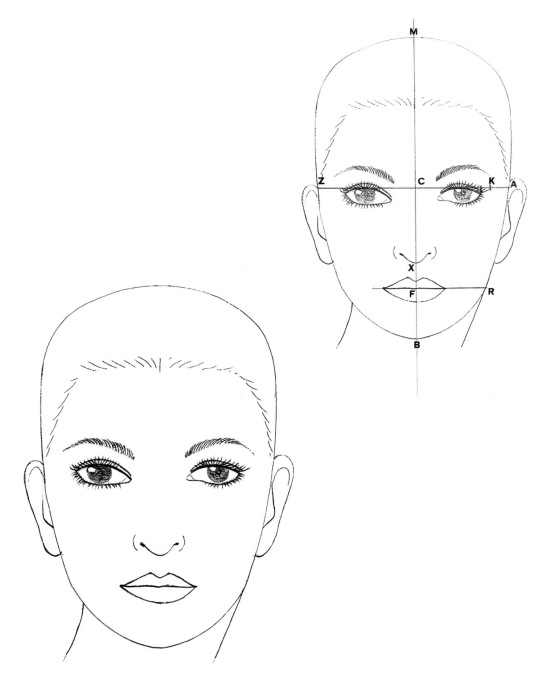

圖二十三　長形臉之完成圖

　　長形臉的臉長ＭＢ與臉寬的比例為10：6.3，同樣地Ｘ點也不能由ＣＫ來取，應由1／2的ＣＢ來取，其他與標準臉形畫法同。

第六章　髮流的表現法

各種髮流的表現

1. a、b、c為較好表現的較長髮流又常帶稍彎的，只要在髮流的凸處留光澤，其餘的地方用紙筆磨暗即可表現立體感。
2. d為較麻煩的長髮，交叉的散髮要非常有耐心地把上下關係的頭髮畫出來。
3. e、f、g一般人比較容易表現的捲髮，其實把每一捲的捲髮前後磨暗凸出處，依髮流的垂直方向留白則可。
4. h直髮束的交錯表現，交錯髮束的上下關係清楚交代即可。
5. I比較難表現的短小捲的散髮，千萬不要像m圖所示，直接用鉛筆交錯畫出，再亂再散的髮形都不可以這樣畫，要耐心地表現其上下關係。
6. J短直髮的層次形。
7. K為三股的編織，注意觀察穿叉關係，還得注意愈末端愈小的傾向。

髮流 a、b、c 以及 e、f、g 的應用例

圖二十五

髮流 i、j 的應用例

圖二十六

各種髮流之綜合應用一

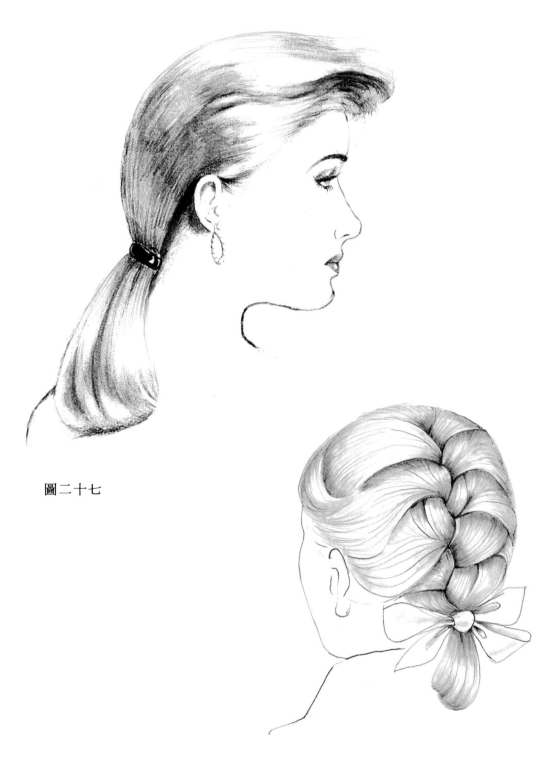

圖二十七

圖二十八

各種髮流之綜合應用二

圖二十九

圖三十

第七章　各種類型的頭部整體表現

第一節　不同角度的頭部髮型的畫法

　　髮型設計師必需熟練頭部的各種角度的表現，尤其是正側面，因為很多髮型無法從正面看到髮型的整體特徵，一般最常用的除了正面外，半側面與正側面用得最多。

　　先畫好正面圖（參閱圖十八）如圖三十一的左圖，並訂出M、S、A、X、D與B點，通過這些點畫出長水平線。

　　以ＭＢ為10，東方人以8為寬，西方人以9為寬，畫出正側面的最寬線，半側面則以7.5為寬。

　　以著者多年的教學經驗，正側面與半側面都不是對稱，因此其比例比正面複雜得很多，學員只有掌握重點多臨摹為宜。

重點：1.掌握M、S、A、Z、D、B各點相關位置。
　　　2.鼻子的正側面角度X、D、B與垂直線所成的角度，以及後頭線的角度都是20°，當然每次畫圖不可能拿量角規來量，我們必需養成用目測來測定，20°是直角的一半再一半，45°的一半已經很接近20°了，用這種方法來測定。
　　　3.半側面只有多臨摹多練習。

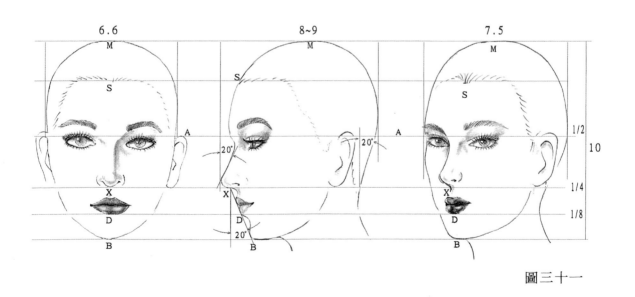

圖三十一

31

圖三十二　正側面頭部

圖三十三　半側面頭部

第二節　臉型與髮型

一.標準臉型：

　　俗稱鵝蛋臉，這種臉型最優美，因此沒有遮掩的必要，以臉部「全都露」為宜如圖三十四所示，但年輕的如圖三十五，而成熟的女性也有如圖三十六的選擇。

圖三十四

圖三十五　適合於年輕人標準臉的髮型

圖三十六　較適合於成熟女性標準臉的髮型

二. 圓型臉：

　　俗稱娃娃臉，這是東方人較多的臉型，圓型臉的女性一般個子都不高，較不適合留長直髮，偏偏很多圓型臉的年輕女性都較喜歡留長直髮，尤其是大專學生。

　　我們先看一下圖三十七，就知道個子矮的圓型臉的人為何不適合留直長髮，這是造型學上稱為視覺引力的效應結果，A、B垂長直線是等長的，但A在視覺上比實際的長度起碼高出3%，而B的則有縮短3%的效應，這樣一來A、B的視覺差距就有6%，圖三十八的短髮則有類似A的效應，而長直髮則有B的效應。

　　假定A、B都是150公分高的年輕人體重也差不多，臉都是圓型臉，A的髮型如圖三十八的短髮，B則是一般的長直髮，您們可以算算看A、B兩人的視覺差異會有多大？就是沒有6% 取其半3% 也夠驚人的。另外圖三十九以及圖四十也都適合圓形臉的髮形。

A、B是等長的

圖三十七

圖三十八

圖三十九　適合較年輕的女性

圖四十　適合較成熟的女性

三.尖形臉

　　也稱倒三角形臉，下巴較尖的臉型，其實下巴尖並不難看，很多美女都屬這種臉。髮形以如圖所示，在下巴兩側的髮留往外流，而較短的髮流往內流。

　　優美的髮流有引導人們視線的作用，要注意的是設計師有要求這種臉形的顧客，注意口紅的彩度提高的必要。五官優美的人也可以留如圖四十二的短髮。

圖四十

圖四十二　五官優美的尖形臉也適合此型的短髮

四. 菱形臉

　　菱形臉基本上與尖形臉的處理一樣，只要在頭部加點量感，其他與尖形臉一樣。

圖四十三

五. 方形臉：

方形臉旳特徵是兩腮較突出，呈現較有個性的形象，髮型能遮掩兩腮則可，如圖所示。

圖四十四

六. 長形臉

　　把髮部與臉部以眼線做參考線，髮部重心放在眼線上，髮流不宜太多流往眼線下方，這樣可以緩和長臉的視覺效果，年輕人可選擇如圖四十六、圖四十七，類似女主管可留如圖四十八的髮型。

圖四十五

圖四十六

圖四十七

第三節　男性頭部表現法

一.正面
1.五官位置大致與女性略同,比例卻有稍許的不同,另外線條也不一樣。
2.最大的差異在眼睛,一般女性眼睛的高與寬的比例爲1：2.3,但畫男性
　以1：3.5爲宜,倒不是男性的眼睛長得比女性扁,而是在表現上扁形較
　易突顯男性感。
3.眼睛與眉毛不宜太寬,而眉毛要濃而粗。
4.人中不宜太短。
5.上唇要薄而下唇要厚而有力,嘴寬要少許加寬。
6.臉部呈塊狀加強其明暗。
7.所有線條要有頓挫。
8.髮流與女性同。

圖四十九

44

圖五十

二.正側面
1.輪廓線要有頓挫不能像畫女性那樣柔。
2.強調立體感。
3.其他與正面同。

圖五十一

圖五十二

第四節　髮型快速表現法

　　當今正紅的日本髮型大師陵小露經營的美髮室裡，主設計師被要求在顧客頭上直接工作時間不得超過15分鐘，這15分鐘內要：1.聽取客人的要求2.要畫設計草圖3.溝通4.粗剪5.細剪（由助理）6.確認。

　　不是每位客人都需要用設計草圖來溝通，但有必要時您還是要畫，所畫的時間最好不要超過1分30秒，也就是不要超過15分鐘內的10%。

　　這好像非常困難，其實一點也不難，筆者常在課堂上示範汽車草圖（筆者在雲科大與成大工設系任教），在黑板上示範一部汽車設計草圖，很少要用到30秒以上的。

　　髮形設計師所畫的設計草圖通常只是在已備妥的臉譜（如圖五十三A、B、C），設計髮型應該不會花太多時間也不應畫太多時間，這就要靠平時的訓練了。

　　圖五十四到圖六十三是筆者利用圖五十三的臉譜所畫的，每張所花的時間都沒超過2分鐘，（我不是專業的美髮設計師，如果是的話我一定練到1分30秒內完成設計稿）圖六十四到圖六十九是筆者早期的實際看模特兒的作品，可供學員練習臨摹之用。

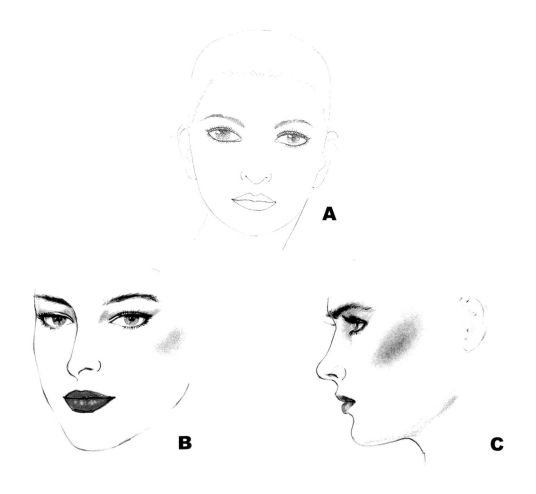

圖五十四

圖五十五

最好用4B鉛筆，線條要輕重分明，下筆要快，線條就自然而瀟灑，少用橡皮擦，明暗用手指推既可。

圖五十六

圖五十七

圖五十八

圖五十九

圖六十

圖六十一

圖六十二

圖六十三

圖六十四　用水彩與麥克筆

圖六十五　用水彩與色鉛筆

圖六十六　用水彩與炭筆

圖六十七　4B鉛筆與木匠筆

圖六十八　2B鉛筆與扁形木匠筆

這些圖是實際看模特兒畫的

圖六十九　頭髮用水彩與白膠

第五節　20世紀最轟動的兩個髮型

　　20世紀後半，也是二次大戰後至今有兩種髮型，一型是透過奧黛麗赫本演的「羅馬假期」裡的「赫本頭」，另一型是美國電視演員法拉在「霹靂嬌娃」電視連續劇裡的「法拉頭」，這兩個髮型是20世紀後半最轟動的兩個髮型。

赫本頭

赫本頭

法拉頭

赫本頭

圖七十

第八章 重點色彩學

第一節　色彩學常識

一.概說

1. 有如長度的單位目前被公認的有公尺與英吋。在台灣還有台尺。量色彩的標準單位一樣 有好幾種。如德國為主的用 Ostward，美國以 Munsell 為主，而日本又是從 Munsell 系統改良成 P.C.C.S.系統。目前我國標準局尚未訂定色彩的有關標準。

2. 在色彩教學上教師慣用的是 Munsell 系統與 P.C.C.S.系統。

3. 不管用那一種系統，對於色彩構成的三大要件：色相、明度與彩度的絕對值不影響。

4. 這裡所列的各種表是 Munsell 與 P.C.C.S.取其精華混合使用。

二.認知色彩

1. 首先您必需了解什麼是色相、明度與彩度。

2. 色相：用文字非常不易說清什麼是色相。如果您對色相不是很了解的話，趁這個機會用心看下去。明度和彩度：請看明度彩度表

3. 補色：色環表的色環任何色的正對面的色互相構成補色的關係。如 V2 與 V14 互相成為對方的補色。

4. 殘像：當我們注視某一形像約一分鐘以上，突然被注視的這個形像消失時，在原地方眼睛會殘留同形的補色形像，此為殘像。如電視看久了一個不動的紅色氣球，當這個氣球突然消失時，在電視上會呈現一個綠色的圓形殘像。這個就是為何門診的醫生著白衣而在手術房的外科醫師及護士全穿綠色的原因所在。這是外科醫師在長時間注視血紅色的內臟器官後，為了消除綠色殘像所做的措施。

5. 色彩的對比：色彩給我們的感覺不是絕對的。色彩容易受到週邊的色彩而稍許會改變其原有的感覺。如黃色在綠色的襯托下會略帶橙黃的感覺而在紅色的襯托下會略帶黃綠色。同樣咖啡色在黑色的襯托下會顯得較鮮艷又亮，而在紅色下會顯得更暗更無彩。這就是為何一般女性喜歡穿黑色的原因。

6. 色彩的混合：報紙的大標題的字是黑色，但內容的小字卻是灰色。明明兩者都是黑墨印的，為何大字呈現黑色而小字呈灰色。因為大的形體容易與背景成對比而小的容易與背景呈現混合的關係。

7. 色調：不同色相而明度與彩度類似的色群。相同的色調（色群）有著類似的形象。這個在設計的概念上是非常重要 。

第二節　色與光

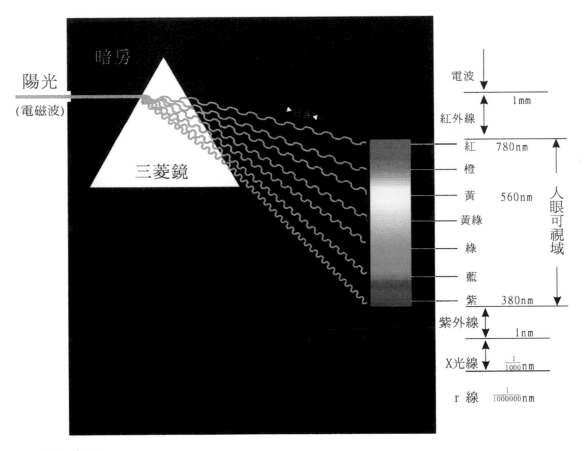

圖七十四

註：
1. 這是牛頓在1666年所做的實驗，發現無色的陽光原來由不同波長的色光所合成，同時發現色與光的重要絕對關係~無光則無色。
2. 波長單位：nm
   $$1nm=\frac{1}{10億}m（公尺）$$
3. 紫外線（Ultraviolet Rays 簡稱UR）
   UR又分長波紫外線（UR-A 320nm~380nm）
   中波紫外線（UR-B 280nm~320nm）
   短波紫外線（UR-C 240nm~280nm）
   其中以長、中波紫外線對皮膚傷害較大，而短波紫外線則有消毒作用。
4. 暖色色光波長長於寒色色光波長，波長與折射率成反比。
5. 紅外線含熱能使人感覺熱，紫外線雖無感覺卻傷害皮膚較大，又能與表皮裡的黑色素結合成麥拉寧而使膚色變黑。

第三節 色彩之分類

一. 色彩的分類

　　有色彩：純色（V 色環）

　　　　非純色＝純色＋無彩色.......例 P 色環與 DP 色環。

　　無色彩：沒有色彩只有明暗，依明暗分九階。

說明：色環中的 V 色環為純色，而外圈的 P 色環是由純色加約 70％的無彩色的白色所成，內圈的 DP 色環由純色加約 10％的 3 號灰色所成。

二. 色彩三屬性

　1.任何純色加了無彩色所變成的非純色，其色相與原來的純色是一樣的，所變的是明度與彩度。

　2.色相：有彩色的 P 色環 12 色、V 色環 24 色、DP 色環 12 色共 48 色，但色相只有 24 個，依第 1 的說明，純色 V2 加白色 70％變成 P2 加了 10％的 3 號灰色變成 DP2，則 V2、P2、DP2 色相是一樣的。

　3.彩度：但彩度（純色的含有量）V2 最高，DP2（含純色量為 90％）次之，P2（純色量只有 30％）最低。

1.明度：而明度則以 P2 最高、V2 次之 DP2 最低以上色相，彩度與明度為色彩之三屬性。

註：無色彩只有明度沒有彩度與色相。

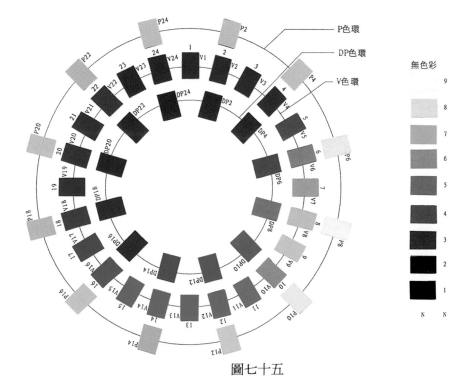

圖七十五

外圈有 100 個顏色是 Munsell 的 100 色相的色相環，內圈有 24 個顏色是 P.C.C.S. 的 24 色相的色環，日本的 P.C.C.S.是以 24 個數學定其色相，第三節裡的色環就是 P.C.C.S.的來說明色相的，如 V2、P2、DP2 前面的英文字代表的是色調（後面會有說明），後面 2 就是 2 號的色相，因此這三個不同色調顏色都是同一色相。但要說明明度與彩度的概念用 Munsell 的系統則較容易理解。

Munsell 系統的最大特徵是在於色彩的定位及其命名方法是根據色彩的三屬性色相、明度以及彩度。非常容易理解也容易尋找，它的命名方式是：HV/C，H－Hue 色相、V＝Value 明度、C＝Chroma 彩度。

我們先來看一下 100 個色相是怎麼命名的，Munsell 是用 5 個英文字母與 1~10 的數字有秩序地排成的，R：Red 紅、Y：Yellow 黃、G：Green 綠、B：Blue 藍、P：Purple 紫、YR：橙、GY：黃綠、BG：藍綠、PB：紫藍、RP：紫紅。依序為 R 紅、YR 橙、Y 黃、GY 黃綠、G 綠、BG 藍綠、B 藍、PB 紫藍、P 紫、RP 紫紅有 10 個主色相名。

每個主色相再 10 等份，把 R 分為 1R2R3R4R...........10R，順時鐘排列 1R 與 10RP 接而 10R 與 1YR 接，如圖所示 100 個色相就這樣訂定的，因此看任何一個色相號碼都容易知道是那一種顏色，如 2Y 雖然是黃色但是靠近橙黃的黃色，而 9Y 則較靠近黃綠色的黃。

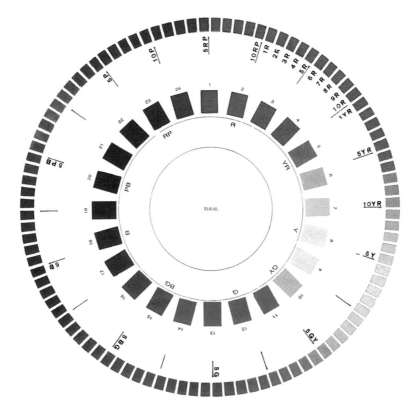

圖七十六

57

三、明度彩度表

　　這是 Munsell 的 5YR 明度彩度表，日本的 P.C.C.S.系統的明度、彩度表是根據這個表改的，因此是類似。色環表用來說明色相的概念，而 Munsell 的明度彩度表用來說明明度和彩度的概念最易懂。

　　任何純色有秩序地加了無彩色都會產生類似的明度彩度表，Munsell 把明度由白到黑訂了九階，N 代表無彩色 N9 為白，依序 N8、N7……到 N1 為黑，而彩度則由無彩色的 0 開始每行增 2 度最高到 14。

　　明度彩度表上的 A 為色環上的 5YR 的純色，B、C、D 的色相與 A 的都一樣（請參閱第三節之 1）。其中 C、A 同為明度 7，E、D 同為明度 4，而 C、D 同為彩度 4，E 的彩度為 0，B 的彩度為 6 明度為 8，而 A 的彩度則為 14。

註：1.這裡特別要注意的是黑色的明度是 1 而彩度是 0，很多人常常誤以為黑的明度與彩度都是 0。

　　2.以各種不同色相的明度彩度表，依序以無彩色為軸心，則可組成色立體如圖所示。

　　3.每一個色相都有一個明度彩度表，因此 Musell 的這個明度彩度就有 100 張，這就是色相 5YR 的明度彩度表，依 HV/C 的色彩表示方法：A：5YR7/14、B：5YR8/6、C：5YR7/4、D：5YR4/4、E：N4。

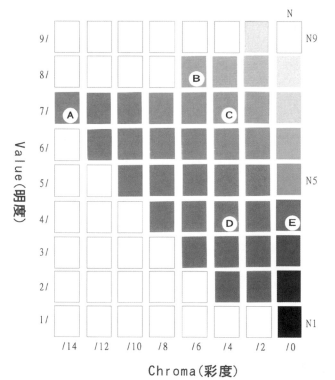

圖七十七　明度彩度表

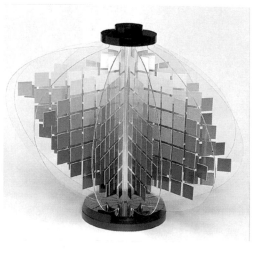

圖七十八　色立體

第四節 色相之關係與配色

一. 補色：色環表裡的任何色相之正對面之色相構成互為補色的關係，如 V2 與 V14 的關係，V2 為 V14 的補色，V14 也為 V2 的補色，殘像（請參閱第一節之4）一定為被視物色之補色。

二. 對比色：色環表裡的任何色相與正對面的 9 個色相構成對比的關係，如以 V2 來說包括補色的 V14 再左右各加 4 個色相，則 V10、V11、V12、V13、V14、V15、V16、V17、V18，共 9 個色相為 V2 之對比色。

三. 類似色：色環表裡的任何連號的 4 個色相為類似色。

四. 不調和域：以 2 號色相來說色環中空白部份則為其不調和的範圍。

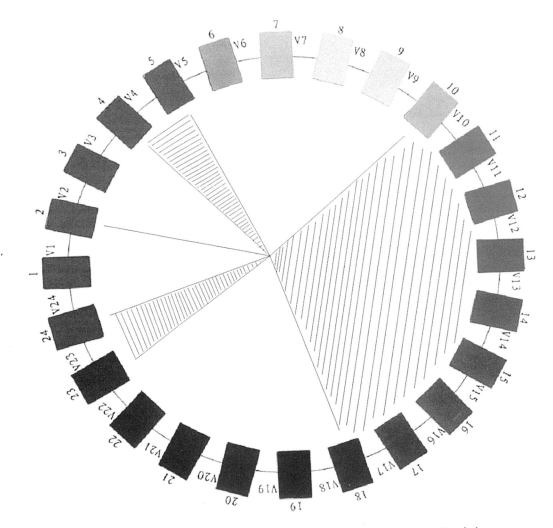

圖七十九

調和之配色域：

一. 同色配色：圖表裡同一縱線上的色彩互相搭配，也則同一數字的顏色搭配，則為同色配色，如配色例的在左邊為 DK8 與 V8 的搭配再配以少許的黑色，在右邊的則為 B22、DK22、與 LTG22 再加上少許的白色的高雅搭配。

配色原則：1.一般高彩度的色不宜佔大面積
　　　　　2.雙色之間的明度差距在 3 度以上為宜，可參閱色調別、明度關係圖，橫線代表明度每格為一度。
　　　　　3.可適當地使用些無彩色，如黑或白

二. 類似配色：上面曾談過色環表裡的任何連號的 4 個色相為類似色，但實際雙色配色時不宜利用連號的色相，以 2 號色相來說，3 號與 1 號都不宜與 2 號配，主要是色相太接近，2 號的調和域應為 4 號與 5 號或 24 號與 23 號，配色例是根據這個原則配出的。

三. 對比配色：色相關係中對比關係的色相的搭配，如圖八十一最下方。

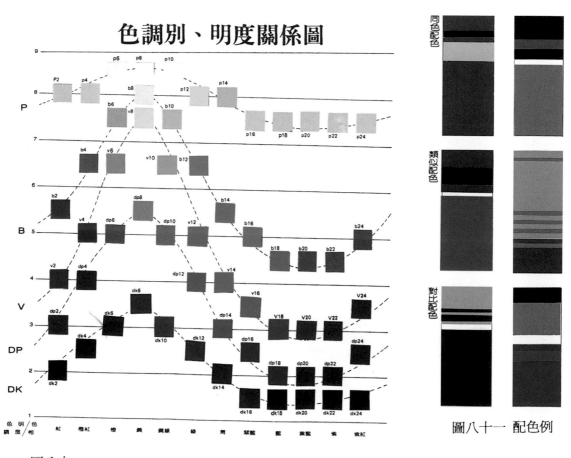

圖八十

圖八十一 配色例

第五節 色彩之對比與混合

我們吃了糖果再吃橘子會覺得橘子是酸的,如果吃了鹹魚再吃橘子就會覺得橘子較甜了,這種感覺的差異一樣存在於視覺對於色彩的感覺差異,色彩會受到週圍其他色彩的影響,有時會產生對比,有時會產生混合的關係。

如圖所示在左邊的報紙的大小字明明同樣都是由黑墨印的,大字是黑的而小字卻變成灰色。

再看中間的紅與藍和右邊的紅與藍,兩者同樣紅與藍的比例都是 50%比 50%,但中間的紅藍分明,右邊卻紅的不紅藍的不藍,呈現混合的紫色,這個道理與前面報紙一樣,面積大的容易產生對比,而面積小的容易產生混合的關係。

報紙上的大字與紙張白色產生對比,因此字看起來較黑也較明顯,而小字卻與白紙產生混合的效果而呈現灰色,同樣道理產生在紅與藍的關係,您必需注意這個道理在彩妝與穿著上的運用。

圖八十二

對比

　　對比又受到色彩三屬性的影響,而產生色相對比、明度對比與彩度對比的結果。

色相對比:任何色彩的色相都會受到週圍色彩的影響,其影響的原則是: 主色在補
　　　　色前一個號碼的順時鐘方向的諸色相的襯托下,主色的感覺會反時鐘方
　　　　向移。如圖上 V8 的黃色在綠色的襯托下,其色相會移向 V7 帶有橙黃
　　　　的感覺,而在紅色的襯托下會略帶 V9 的方向移,也則主色在紅色的襯
　　　　托下會向反紅的方向移,一樣在綠的襯托下會向反綠的方向移,這個原
　　　　則可應用在其他色相。

明度對比:這個對比的原則,一般人比較容易了解,一樣的灰色在黑的襯托下會呈
　　　　得比較白,而在白的襯托下會比較暗,如中間的圖所示。

彩度對比:如下圖所示,一樣的咖啡色在高彩度紅的襯托下比較不紅,而在黑色的
　　　　襯托下會比較紅,這就是一般女性喜歡穿用黑色衣服的主要原因,因為
　　　　黑色可以產生明度對比及彩度對比的雙重效果,使臉色看起來更紅又更
　　　　白。

色相對比

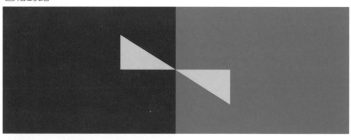

明度對比

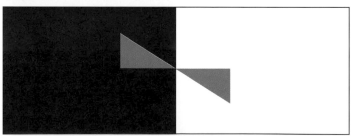

彩度對比

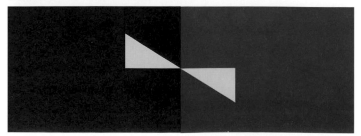

第六節 色調

不同色相但明度與彩度類似而形成一種共同類似形象的一群顏色，稱之為色調。

如圖所示 V 字圈的色彩都是高彩度的顏色，有活潑、熱鬧、活力與醒目的共同形象，如運動裝、廣告板、藥品包裝、救生衣之類的都必需用到這個稱 V 色調的色彩。

P 色調是高明度低彩度的色群，給人感覺溫柔、幸福、浪漫又很女性的感覺，因此化妝品、嬰兒用品、寢具就需要利用這個色調。

明度低彩度也低的 DK 色調，給人的感覺是保守、穩重，最適合於男性形象。

而女性則以 LTG 色調與 G 色調的顏色，最能製造女生高雅的形象。

色調表

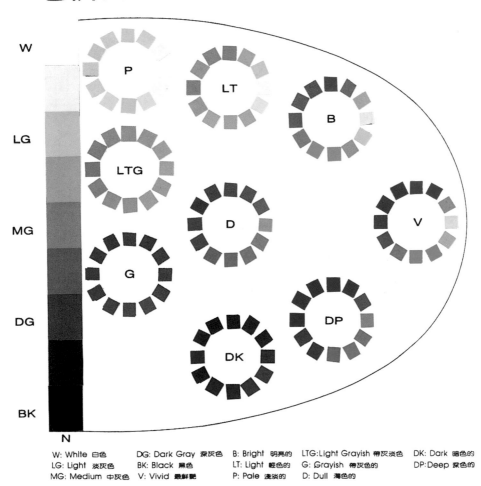

W: White 白色　　　DG: Dark Gray 深灰色　　B: Bright 明亮的　　LTG:Light Grayish 帶灰淡色　　DK: Dark 暗色的
LG: Light 淡灰色　　BK: Black 黑色　　　LT: Light 輕色的　　G: Grayish 帶灰色的　　　DP:Deep 深色的
MG: Medium 中灰色　V: Vivid 最鮮艷　　P: Pale 淺淡的　　D: Dull 薄色的

圖八十四

63

第七節 色彩的形象

在 24 色相的 V 色環中，V2 到 V8 我們稱之爲暖色，而 V16 到 V20 稱之爲寒色，顧名思意寒色給人寒冷的感覺而暖色給人溫暖的感覺。

一般暖色較有膨脹性及擴張性，而寒色較有收縮性，這就是爲何一般暖色系的汽車車禍率低於寒色系汽車的原因所在，因爲暖色系有膨脹性較易引人注意，而寒性則相反。

再來看一看以輕重做縱線，暖寒做橫線，座標來觀察，座標位置的色彩與形象的關係，明度高的色彩給人較輕的感覺（也有膨脹性），明度暗的則有較重的感覺（也有收縮性），左邊的紅色給人熱情積極的感覺，而藍色給人較「酷」較冷靜的感覺，其他形象可參閱表上說明。

很明顯的香煙包裝盒的色彩與鎖定的銷售目標有關，如 Marlboro 的目標是年青男性，Salem 則是女性群，DUNHILL 目標則在於成熟的男性，Parliament 目標則在於都市人。

色彩印象（單色）

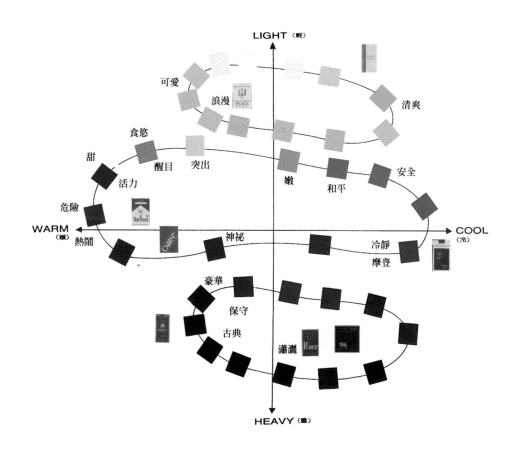

第八節 2001 年美容乙級筆試色彩學相關試題解答

選擇題：

1. 唇膏色彩的選擇：（1）小麥的膚色，使用桔色唇膏較自然（2）帶黃的膚色，使用褐色唇膏較自然（3）帶紅的膚色，避免選用顏色太淡的唇膏（4）唇色淺的人，最好選擇較深的唇膏。

答：（3）

理由：（1）的桔色應改明度較低彩度較高朱色系較自然
　　　（2）的褐色色相為橙黃會使膚色變得更黃應以土黃色系為宜
　　　（3）帶紅膚色彩度偏高因此不能使用太淡的
　　　（4）唇膏色彩的決定非在唇色而在膚色

2. 在色相中彩度的高低依序為：（1）紫＞藍＞綠＞黃＞橙＞紅（2）紅＞橙＞黃＞綠＞藍＞紫（3）黃＞紅＞橙＞紫＞綠＞藍（4）紅＞黃＞綠＞橙＞紫＞藍

答：（2）

理由：彩度與色光的波長有關波長的順序則為（2）（請參閱第二節圖示），雖然以目前的科技黃色的彩度已可提高到與紅色同，但其順序也是不能是（3）。

3. 在純色中加入與純色明度相同的灰色，則（1）明度不會提高也不會降低，彩度會降低（2）明度、彩度都會降低（3）明度、彩度都會提高（4）明度會提高，彩度不會降低。

答：（1）

理由：純色的彩度很高而灰色的彩度是零，因此兩者合在一起，純色的彩度一定下降，但明度由於是相同，因此明度不會變（請參閱第三節二之1）。

4. 使用唇膏時，欲使嘴大厚唇的唇產生收縮的效果，宜選擇：（1）明度高、彩度低（2）明度高、彩度高（3）明度低、彩度高（4）明度低、彩度低的唇膏。

答：（4）

理由：明度高、彩度高的色彩都是有膨脹性，而明度低、彩度低的色彩卻有收縮性（請參閱第七節）。

5. 使用紫外線照射消毒法進行消毒時，紫外線燈的波長範圍：（1）200nm~240nm（2）240nm~280nm（3）280nm~320nm（4）320nm~400nm。

答：（2）

理由：紫外線的長中波對皮膚有害而 240nm~280nm 的紫外線屬較短的卻有消毒作用（請參閱第二節之3）

是非題：

1. 舞台化妝為要求立體感，最好選擇色相、明度、彩度相近的粉底來修飾。

答：（✕）

理由：立體感的塑造決定於明度的差異，這是在本課本第一章裡就談到，因此明度絕對不能相近。

2. 色彩是光線而來的且存在於物體本身，所以紅色是蘋果的物體色，而綠色是檸檬的物體色。

答：（╳）

理由：很多人誤以爲物體的色彩來自於物體本身，這是錯誤的，任何物體的色彩都來自於光線，沒有光線則沒有色彩（請參閱第二節之1）。

3. 所謂色立體是把色的三屬性色相、明度、彩度做有系統的排列與組合所形成的結果。

答：（○）

理由：請參閱第三節中明度彩度表之註2

4. 純色色相加了無彩色，所形成的新色彩其色相是不會改變的。

答：（○）

理由：請參閱第三節二之1

5. 太陽所發射的光線爲一種電磁波，當電磁波較長時，折射率就跟著變大，在單色光中以紅色的波長爲最長，折射率也是最大。

答：（╳）

理由：波長與折射率成反比，因此光線在透過三菱鏡形成折射時，波長較長的紅色光會折射較少（請參閱第二節）。

6. 同樣的黃色在不同的背景下所產生的視覺效果會有所不同，在橙紅色背景下的黃色會覺偏向橙黃，而在黃綠色背景下的黃色會變得偏向黃綠。

答：（╳）

理由：請參閱第五節 色相對比

7. 互爲補色的色彩其面積相同或近以時，對比效果最強。

答：（○）

理由：請參閱第五節

8. 化妝時色彩需協調，當您穿著彩度高的衣服時他，化妝不宜太濃。

答：（╳）

理由：高彩度的衣服會使臉色的彩度降低，因此必需濃妝才對（請參閱第五節 彩度對比）。

9. 西元十七世紀英人牛頓利用凸透鏡，使太陽光產生了曲折現象，顯現出紅、橙、黃、綠、青、紫的顏色。

答（╳）

理由：牛頓用的是三菱鏡（請參閱第二節圖）

10. 中明度色彩的配色明度差小，給人較快的感覺。

答（╳）

理由：輕快的感覺，決定於明度的差異與高明度的色彩，明度差小又是中明度的色色很難塑造輕快的感覺。

第九章 簡易美學

第一節 什麼是美

追求美是人類的本能之一，也是人類文化活動中追求的目標之一。

這裡並不想追究深奧的美學，想來談論些較通俗的美，一般人所認知的美。

美是非常主觀的東西，這與每個人的與美的經驗累積的「量」與「質」有非常密切的關係。讀小說、聽音樂、欣賞名畫、觀賞風景都是一種美的經驗。有人聽了貝多芬的第五交響樂會振奮會感動，有人卻認為是一種噪音，這就是兩者對美的經驗的差異的直接反應。

美是可塑造的也存在於自然界，欣賞自然的美景是一種很重要的美的經驗，而美的經驗的累積是提昇美感很重要的步驟。
美的經驗累積會使美從感官的感覺提昇到理性的共鳴而達到美的欣賞，進而感到「美感」。初中生看到維納斯的石膏像都會去摸其胸部，而美術系的學生就比較沒有這種衝動。

一樣的維納斯石膏像，初中生看了容易產生一種生理上的快感，而美術系的學生則已超越了這個較原始的感官反應。其實美感中也帶有快感的，那要看欣賞者的欣賞層次了。問題是什麼東西才能產生美感？

從古希臘一些哲學家就對美做了些解釋，如柏拉圖就以韻律中的均衡來解釋美。十九世紀德國的美學界解釋為「美是諸複雜的形式中的秩序」。這是到目前為至對「美」最為權威的解釋。

圖八十六、八十七是樹德科大的學生作品，作品為何給人感覺很美，主要是它是根據數學裡的級數所繪製的，級數是一種有秩序的，有秩序是美的基本要件。

圖八十七

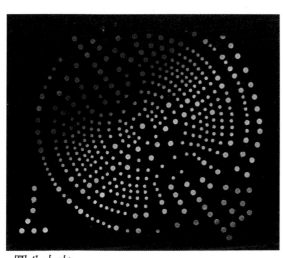

圖八十六

第二節　美容美髮中構成「美」的諸原理

一.調和（Harmony）：

　　在美容美髮中應用於有關色的調和與形的調和。色的調和指的是彩妝時髮色、眼色、眼影色、口紅、腮紅等化妝品，色彩上的協調以及與膚色的調和、暖性膚色（膚色分析與鑑定將在下章談及）適合於暖色系的打扮，寒色系的人則適合於寒色系的打扮，此為調和的基本。

　　另外髮形必需與臉型作協調（在臉型與髮型2節已提到）。

　　圖八十八彩妝上色彩的調和是彩妝成功最基本的條件，整體是由類似色搭配的調和色。

圖八十八

二.均衡（Balance）：

　　對稱是構成均衡常用的形式尤其是彩妝，眉毛畫的不對稱是很難看的，但構成好的均衡卻不一定是對稱的，尤其是髮形，雖然髮型偶爾以中分方式來取得對稱形式的髮形，但絕大多數的髮形都以頭部的整體均衡感來做造型。

　　圖八十九髮形雖然不是對稱的，但在頭部整體而言卻能呈現均衡的美感。

圖八十九

三.動感（Movenent）：

　　一般被應用於髮形設計為多，利用飛揚的髮流塑造一種優美的動感如圖九十，爾偶大舞台也會利用彩繪的方式繪出美麗的動感彩妝。

圖九十　飛揚的髮型塑造出一種「動」的美感

四.漸層（Gradation）：

　　腮紅的漸層以及眼影不同顏色的溶和都靠漸層的技術來達成美感，腮紅與膚色的溶和也一樣需要利用到這種漸層的技術，腮紅與膚色絕不能有絲毫的界線痕跡。如圖所示。

圖四十五

五.強調（Accent）：

　　所謂強調是指在整個造形中利用較小而強烈的色彩做重點式的表現，在彩妝中口紅是最適合於做為強調點來發揮，除了標準臉以外的各種臉形，兩腮不是太尖就是太寬，要不然就是太圓了，口紅就應做為強調點以較高彩度的唇膏強調，有助於模糊兩腮的缺點。

圖九十二

72

六.類似（Similarity）：

　　色彩的類似是構成調和美感的重要條件之一，膚色、髮色、眼影、粉底、腮紅以及口紅這一系列的色彩，利用類似的色相是美容師掌握美感最方便的方法，如圖九十三所示。

圖九十三

七.統一（Unity）：

　　　整齊畫一的動作可以構成優美的統一效果，一樣地在色彩上用一種色系，統一整個畫面也可以達到優美的統一美感，如圖九十四則以暖色系統一整個畫面，達成非常調和的優美效果，膚色屬性是暖性的人，彩妝用暖色系列就能達到最起碼的美感。

圖九十四

74

第三節　視覺上構成美女的要素

　　內在的素養、行為、表情都是構成美女的重要的條件，這裡只談視覺上的要素。
　　色彩、形與質是視覺上美女的三大要素，這裡的三大要素天生佔30%其它70%是靠努力。
　　　　色彩：髮色、膚色以及眼色是天生的
　　　　形：臉形、體形是天生的
　　　　質：髮質、膚質也是天生的
　　但現在的精緻美容美髮術可以把普遍的女性變成美女，把美女提昇為更驚人的美人。
　　色彩：可以依色彩學的理論，從髮色、膚色、眼色來做整體的考量，再配合染髮、彩妝以及整體造形，做最適合自己的膚色以及身份地位的優美打扮。
　　形：臉形可以靠髮形來改造，體形則靠運動及塑身的努力，最後再靠穿著穿出最能突顯自己最美的一面。有關臉形可參閱第三章的標準臉形的五官比例，體形之美可參考圖九十五所列的數據。
　　質：則靠平時正確方法的保養來提昇自己的髮質及膚質。

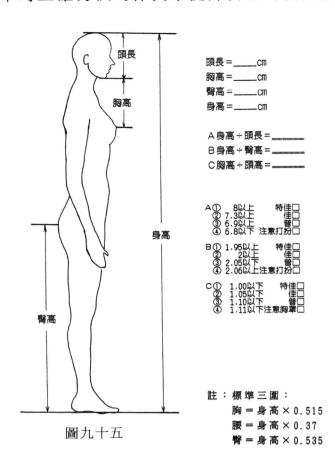

頭長＝＿＿＿cm
胸高＝＿＿＿cm
臀高＝＿＿＿cm
身高＝＿＿＿cm

A 身高÷頭長＝＿＿＿
B 身高÷臀高＝＿＿＿
C 胸高÷頭高＝＿＿＿

A① 8以上　　特佳□
　② 7.3以上　　佳□
　③ 6.9以上　　普□
　④ 6.8以下 注意打扮□

B① 1.95以上　　特佳□
　② 2以上　　　佳□
　③ 2.05以下　　普□
　④ 2.06以上注意打扮□

C① 1.00以下　　特佳□
　② 1.05以下　　佳□
　③ 1.10以下　　普□
　④ 1.11以下注意胸罩□

圖九十五

註：標準三圍：
　胸＝身高×0.515
　腰＝身高×0.37
　臀＝身高×0.535

米勒的維納斯大理石雕像是古希臘人女性理想的體形。2200年後的今天看起來還是非常優美的比例。

圖九十六

優良的彩妝使普通人變美女，而使美女更美。

圖九十七

十九世紀法國學院派畫家卡巴內爾所畫的理想美女維納斯（原作：
維納斯誕生前後），這是十九世紀男性最渴望的女性身體比例。

圖九十八

章子怡無疑是近代東方最典型的美女，充滿智慧的眼神，有自信的表情，鵝蛋臉以及美好的體形比例，難怪身邊有無數美女的成龍父子都會為之著迷。

圖九十九

第四節　美學素養的提昇

　　從事「美」的行業的工作者，如婚紗、瘦身、美容、美髮等的從業者，雙手的技能外，如想提昇您的專業水準，美學素養的提昇是絕對需要的，充實美學內涵想起來好像很難，其實一點也不難，只要您有心從現在開始平時就注意去觀察週圍美好的東西，多看「美」的事物並仔細觀察其造形及配色。當然去學習素描也是非常好的方法之一，日本有名的髮型家陵小露就鼓勵其員工，工作之餘去學習素描，素描會使您的觀察力更敏銳，也加強了您的表現力，更重要的是也充實了您的美學素養。

　　前面所提的多看「美」的事物，如多看畫展、多觀察熱帶魚身的配色、多翻閱時尚雜誌優美的服飾以及畫冊，我常常就是利用海邊貝殼的優美色彩做為配色的參考，而洶湧的海浪是我畫髮形圖的重要靈感來源。

　　我們從優美景色的造形與色彩，可供我們在髮形設計以及彩妝的配色上獲得無限的資訊。

圖一〇〇

圖一〇一

80

多閱覽世界著名藝術品，是省錢省時的有效方法之一，但必需常看、用心看相信您必有所獲，這裡提供幾張世界名藝術品供參閱。

　　法國新古典派畫將吉拉爾作（1770~1837年）邱比特吻賽姬。取材自希臘神話：賽姬是人間美女，美得連美神維納斯都眼紅的美女，當邱比特愛上賽姬時，做為母親的維納斯百般阻撓，經過一段苦難的離別，最後由於兩者的誠心感動了諸神而有圓滿的結局。

圖一○二

這座高4.1米的大理石雕像取材自聖經：大衛靠智慧利用彈弓把巨大的惡魔哥利亞殺死，而成為以色列王。
　　充滿自信的表情配合優美的體形，充分表現了文藝復興時代的男性理想像及美感。

圖一〇三　米開蘭基羅(1475~1564年)---大衛像

這是達文西較晚年的作品，模特兒是若孔達夫人，很顯然達文西是迷上了這位高貴的夫人，他在矛盾與愉快的心情下完成這幅傑作，迷人的眼神與神祕的微笑，充滿感情的達文西不被電到才怪。

圖一○四　達文西作(1452~1519年)- - -蒙娜麗莎

第十章　膚色分析

第一節　概說

　　在彩妝上，彩妝設計師開始有明確劃分暖色彩妝與寒色彩妝始於 1970 年代的美國，提供這個理論根據的是 1950 年代美國學者 Robert Dorr 的發現：他發現在人類的血液內的血紅素裡有兩種基因，他稱之為基因Ⅰ（KeyⅠ）與基因Ⅱ（KeyⅡ），KeyⅠ的色素偏紫紅，現在稱含有 KeyⅠ 的人稱之為寒性膚色 KeyⅡ 偏金黃，是屬於暖性膚色，一般寒性膚色的人種屬北歐金髮、藍眼這種人，麥拉寧色素較少皮膚也較紅而白，暖性膚色的人一般都居住於赤道附近的人種，以黃種人及拉丁民族為多，麥拉寧色素較發達，頭髮與眼睛呈現的色彩是黑或深咖啡。

　　1974 年的美國色彩公司 American Color Key Corporation 首先把 Robert Dorr 的理論實用化，這個公司印刷了寒色系列與暖色系列的色票，這個色票早期被用於室內設計與建材，獲得非常好的反應後才被引進到美容界。

　　第一位把 Robert Dorr 的理論應用於美容而開發出膚色分析技術的是美國著名的美容色彩專家 Bernis Kentner 女士，1978 年她的名著"Color Me A Season"裡強調美化自己應從認識自己膚色的屬性開始，這本書影響之大可從書的銷售來判斷，這本書出版後連續 10 年維持在全美最暢銷排行榜之列，前後也再版了 10 次，顯然地各美容品公司粉粉推出修飾粉底也受到這本的影響所致。

　　修飾粉底引進台灣也有 10 幾年了，好像美容界尚沒有充份發揮其功能，一般婦女更不用說了。修飾粉底的正確使用有兩個必需的條件：1.了解使用者的膚色屬性是寒性或暖性 2.了解使用者的使用目的。這兩條件只要其中之一不確定的話就不要用修飾粉底為宜。

　　膚色屬性的判析有好幾種方法，下面我們介紹三種方法：
　　一. 測試用粉底的測試法
　　二. 眼紋觀察法
　　三. 測膚卡之測試法

第二節 測試用粉底的測試法

　　測試用粉底（Foundation Tester）如圖一〇五所示，這是一種類似粉底乳的乳狀物，共有8色，銀色蓋與金色蓋各有四瓶。

　　銀色系編號為C1、C2、C3、C4四種，金色系編號為W1、W2、W3、W4四種，C代表寒色W代表暖色，8色同時塗在左右手上如圖一〇六，C系塗在左手W系塗在右手，由下往上依序1、2、3、4塗完後約10分鐘，等完全乾後再做判斷，從8個顏色中判斷最接近膚色的號碼，則為自己的膚色號碼，W1屬於暖性又偏白的，W2、W3屬暖性膚色中等，W4為暖性膚色較黑的，C1為寒性偏白的，C2、C3寒性膚色中等，C4為寒性膚色偏黑的，這套東西很方便於測試膚色，可是台灣尚沒人進口這套東西。

圖一〇五

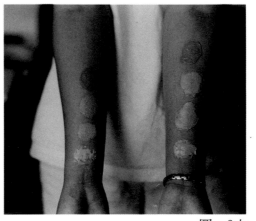

圖一〇六

第三節　眼紋觀察法

　　在前面談過人類的血液內的血紅素的基因可判斷其膚色，但血紅素是我們看不到的，目前的醫學已知人類眼紋與其本身的血紅素色素基因有關，白兔的眼睛是紅色的，台灣的土兔子的眼睛卻是深咖啡色的，北歐種的白兔與北歐人一樣麥拉寧色素較少，而台灣的灰土兔子的麥拉寧色素較豐富，麥拉寧色素的多寡與紫外線的強弱有關，台灣的土兔子當然受到日曬較多，因此麥拉寧色素也較多，這與近赤道的人種、眼睛呈現深咖啡色的道理是一樣，因此從眼睛的色彩與眼紋判斷膚色是有學理根據的，除了膚色分析用到眼紋外，目前眼紋已被認為鑑別身份之重要依據，因為眼紋一輩子不會改變，而且每人眼紋的差異比指紋的差異還大還清楚，更有趣的是眼紋與個性有關。一般藍眼睛用肉眼就可以觀察其眼紋但咖啡色眼睛用肉眼是看不到的，必需利用附燈的10倍放大鏡如圖一○七，筆者經四年時間觀察約一萬人的眼紋後，歸納為下列16種眼紋如圖一○八所示。

圖一○七

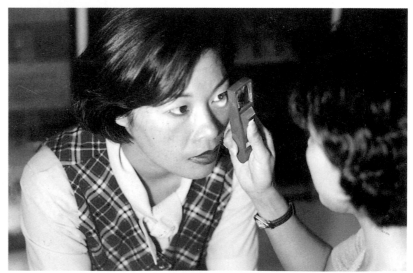

圖一○九則為利用附燈的放大鏡觀察眼紋的情況

一.白網絲：如安全玻璃的受損時所呈現的白色網路紋路，藍眼才會有的，屬寒性這種人屬完美主義者爲多。

二.無紋：所謂無紋並不是完全沒有紋狀，只是紋路從瞳孔發射出較輕的放射狀狀紋，沒其他的特徵紋，以暖性者者居多，個性不突顯。

三.凹暗紋：一般散點在離瞳孔較遠的外圍的深色斑點，這種斑點在寒、暖性兩者都有，這種人一般稱之爲努力型的人，但缺乏自信。

四.放射紋：從瞳孔一直到邊沿呈直線狀，在寒、暖性兩者都有，個性較謹慎。

五.幾何紋：凹暗紋的斑點成菱形三個以上的整齊排列如圖所示，以寒性爲多，個性固執。

六.多橙 ⎱：在眼睛中央地帶呈雲狀，橙色時稱之爲多橙，黃色的稱之爲多

七.多黃 ⎰：黃，都屬寒性，這個紋路是最近才被發現的，人數不多個性偏向尙不明朗。

八.甜圈紋：在瞳孔週圍呈一模糊的光輝爲暖性，個性溫柔。

九.花瓣紋：呈現較柔如花瓣的橫線紋，暖性、賢妻良母型，男性則屬溫柔顧家型。

十.火花紋：一般呈現類似旭陽光輝的橙黃色，暖性、個性剛強。

十一.愛茲的克太陽紋：呈現尖銳的鋸齒狀紋，暖性、獨立性強、不易聽取他人意見。

十二.斑點紋：與凹暗紋類似只是色彩較淺，暖性、個性與凹暗紋類似。

十三.秋鐵紅：在眼珠外圍呈大片橙色雲狀，暖性、領導慾特別強。

十四.沙斑紋：眼珠外邊沿呈砂點狀，暖性、最理想的終身伴侶，專情、愛美、有理想又努力。

十五.魚鱗紋：呈咖啡色的魚鱗狀，暖性、事業心強也好強。

十六.完整放射紋：如圖所示佈滿放射紋，暖性、保守、類似象牙塔內的科學家，不喜歡打擾人也極不喜歡被打擾。

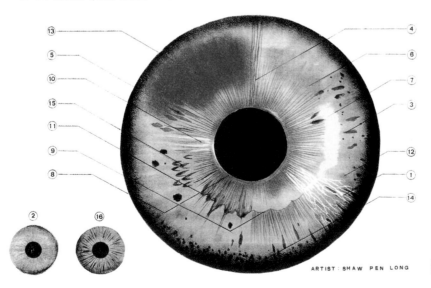

STRUCTURES OF THE IRIS

ARTIST : SHAW PEN LONG　　圖一〇八

87

第四節　測膚卡之測試法

　　人類的膚色大致可分為四種：①.較白的暖性 ②.較土黃的暖性 ③.較白的寒性 ④.較暗的寒性，膚色的寒、暖性決定在血液中的血紅素基因，而膚色白暗卻決定於黑色素與紫外線結合的程度而定，寒、暖性是天生的，白暗則較可由努力來控制。

　　測膚卡裡的色彩是經由世界各品牌之粉底色以及實際測試台灣女性的膚色取100種色樣品加以統計分析後從中採用22色，卡的大小為長11公分寬3.5公分中央有一菱形孔，孔的一半有膚色色票，另一半呈三角形的空孔，以作膚色比對之用如圖一一0所示。

　　本創作已得中央標準局新型第135851號之專利權，一共有22張每張都有一編號，1~18號屬暖性，19~22號屬寒性，其中1、3、7、13、14、16屬①號膚色較白的暖性，其餘暖性為②號膚色，20、21、22則屬③號膚色較白的寒性，19屬④號膚色較暗的寒性，測試方法請參閱圖一一一~圖一一三。

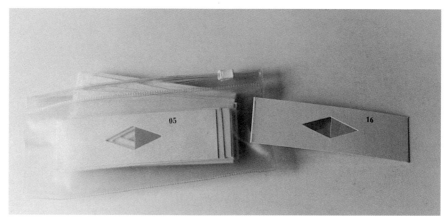

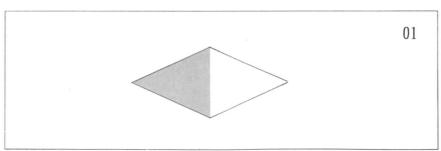

圖一一0

使用方法：

（1）在左右上臂內側（任何一邊），放上對色卡。
（2）在自然光下（非直射陽光）做比對。
　　　註：千萬不能在日光燈下比對。
（3）找出最接近膚色的色卡2張。
（4）2張同時比對。
（5）最後選定一卡爲自己的膚色。

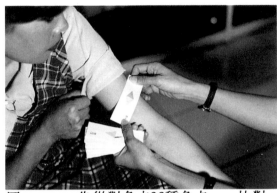

圖一一一　先從對色卡22種色卡一一比對

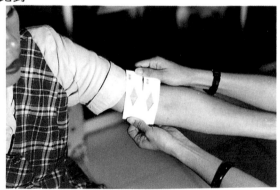

圖一一二　從色卡選出最近膚色的二卡或三
卡再同時比對

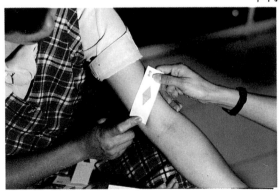

圖一一三　最後選定一卡色爲自己的膚色

第五節 膚色測試後之運用

Makeup color

SHAW PEN LONG

SKIN COLOR	SKIN COLOR NO.		BASE CONTROLLER	FOUNDATION	EYE COLOR	POWDER BLUSH	LIPS & NAILS
	FOUNDATION TESTER	SKIN COLOR CARD					
WARM	W1	01 02 / 04 05					
	W2	06 09 / 10 11 / 12 18					
	W3	03 07 / 08 14					
	W4	13 15 / 16 17					
COOL	C1	19					
	C2	20					
	C3	21					
	C4	22					

圖一一四的使用說明：

　　第一欄的Skin Color指的是膚色的屬性，是屬於暖色（WARM）或寒色（COOL），第二大欄指的是你的膚色號碼，測試膚色號碼有兩種方法，前面的Foundation Tester.是第二節所說明的測試用粉底測出的號碼。

　　後面的Skin Color Card.第四節所說明的測膚卡測出的膚色號碼。一號到十八號都屬暖色性膚色，十九號到二十二號則屬寒色系。暖色系膚就適合於使用暖色系的Foundation（粉底）、Eye Color（眼影）、Powder Blush（腮紅）、Lips&Nails（口紅與指甲油），如果暖色系的膚色想用寒色系的彩妝就得先用修飾粉底（Base Controller）寒性膚色想用暖色彩妝時就得先用綠色修飾粉底而暖性膚色想用寒色彩等就得先用紫色修飾粉底把自己的膚色先中性化才適合。如果暖性膚色用暖性彩妝時就不必用也不能用修飾粉底，寒性膚色用寒性彩妝時也一樣不能用修飾粉底。

彩妝最重要的第一步是選對合乎自己膚色的粉底，粉底的作用與褲襪類似以接近膚色最理想，接近到看不出有上粉底或穿褲襪，褲襪與粉底有遮掩小瑕疵的作用，可是台灣一般女性卻把粉底做為美白產品來使用，因此偏白又偏紅的粉底一直在台灣銷路最好，連外國的化妝品製造廠商都覺的好奇怪，如「ARTISTRY」的粉底杏黃是針對東方女性特別生產的，這個粉底色是適合於95%的台灣女性使用的，卻是賣得最差庫存最多的，迫得廠商只好停止供應這個最適合台灣女性用的杏黃粉底（圖一一五右排第二色），真是非常可惜。

以「ARTISTRY」為例，正確的粉底使用方法如下：

　　測膚卡測試結果：1、3、7、13、14、16使用象牙色最佳，可少許加點嫩膚色使用。4、5、6、12使用杏黃最理想，如果沒有杏黃可改用霧褐。8、9、10、11使用亮膚。15、17、18使用60%的象牙加40%的亮膚最理想。20、21、22、使用嫩膚。19使用嫩膚50%加蜜蕊50%最佳。

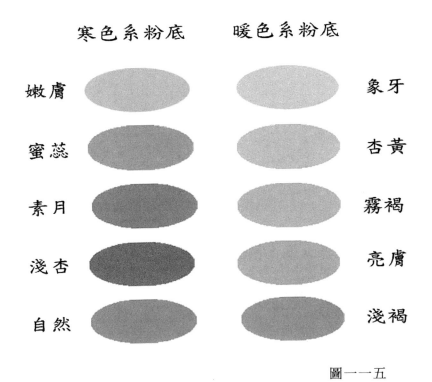

「ARTISTRY」的粉底色

寒色系粉底　　暖色系粉底

嫩膚　　　　　　　　　　　　　　象牙

蜜蕊　　　　　　　　　　　　　　杏黃

素月　　　　　　　　　　　　　　霧褐

淺杏　　　　　　　　　　　　　　亮膚

自然　　　　　　　　　　　　　　淺褐

圖一一五

第十一章 各種臉形的彩妝修飾法

圓形臉：

1. 臉的雙邊加暗色粉底
2. 中央與下巴加亮色粉底
3. 腮紅上方加亮色粉底
4. 眼尾用暗色眼影往上修飾
5. 腮紅往後仰
6. 口紅色宜強
   圖一一七爲完成之修飾圖

眼尾與眉毛之修飾

腮紅

較暗粉底

較白粉底

圖一一七

方形臉：

1.臉中央T形加較白的粉底
2.眼尾上下加較白粉底
3.兩腮下方加較暗粉底
4.腮紅斜仰
5.口紅色宜強
6.頭額上中央與下巴加點腮紅色

圖一一八

圖一一九

尖臉形：

1. 下巴兩邊加較白粉底
2. 下巴加暗粉底
3. 臉雙邊加暗粉底
4. 腮紅自然塗既可

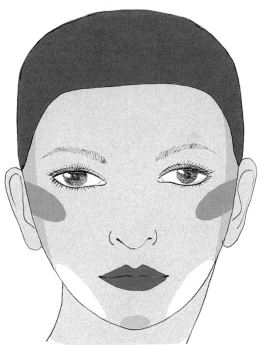

圖一二0

圖一二一

菱形臉：

1.額頭兩邊加較白粉底
2.其餘與尖形臉同

圖一二二

圖一二三

長形臉：

1.額頭上方與下巴上較暗粉底
2.眼尾及眉毛腮紅儘量以水平方向往外拉

圖一二四

圖一二五

96

第十三章 頭部彩色表現法

　　素描畫得好的人不見得上色也可以畫得好，素描很單純的只用單色來表現，只要注意明暗的問題則可，但彩色要考慮到色相的問題，彩度的問題，更重要的是調和的問題，一般素描好的人由於會太注意明暗的問題就容易把畫面弄髒，這裡我們用暖色系來說明表現的程序：

A：先用鉛筆畫好五官圖
B：用鉛筆畫好完整的設計圖

圖一二六 A

圖一二六 B

C：
1.用咖啡色水彩先畫出眼睛與眉毛
2.同樣用咖啡色水彩加南寶樹脂（白膠），水彩與白膠的比例約1：10，
　用豬鬃扁毛筆（如扁形油畫筆）刷出頭髮
3.用朱紅上口紅
4.再把朱紅加少許的灰色與大量的白上真珠部份

圖一二六 C

98

D：
1.髮根與髮尾用咖啡色粉彩加深，使髮形更有立體感。
2.用朱紅與咖啡色粉彩上眼影。
3.鼻影與人中用棉花棒著咖啡粉彩上。
4.真珠暗的部份用小型紙筆著黑色粉彩上。

圖一二六 D

E：
1. 用黑色與咖啡色鉛筆仔細修整髮絲。
2. 用黑色與咖啡色色鉛筆修飾嘴形。
3. 用桂筆畫出真珠影子部份。
4. 最後用白色廣告顏料點出光澤點則完成。

圖一二六 E

第十三章 染髮與彩妝的調和設計

　　染髮的需求越來越多，髮型設計師除了染髮的技術外，色彩學的基本配色觀念不能沒有，染髮的色彩不得不考慮其膚色以及彩妝，設計師不能完全聽取客人的需求，設計師有義務提出正確的建言給客人，且要有能力說服客人，每個人都有自己喜歡的色彩，但大部份的人喜歡的色彩卻不適合於自己而不自知。

　　染髮的色彩與彩妝的色彩必需從客人的諸條件來考量，年齡、職業、膚色、服飾等，起碼不敗的條件是用統一屬性，如果彩妝用的是暖色系的話，染髮也必需用暖色系，如果是彩妝用的是寒色系的話，那染髮也必需用寒色系，當然也有例外，如參加諸如嘉年晚會的時候，色彩用大膽些為宜。

　　下面四張圖是著者在高雄市女子美容商業同業公會上課時教學示範的

　　圖一二七　彩妝是暖色系的，頭髮用的土黃與橄欖綠，雖然與口紅的朱紅色成對比，但都同屬暖色系內，年輕人宜用對比色來強調其活潑性

方法：

　　事先畫好四張彩妝稿，一張是暖色淡妝，一張是暖色濃妝，寒色系也一樣兩張，一張淡妝一張濃妝。

　　四張畫稿用電腦各掃描幾張起來，再用這些掃描出來的彩妝作染髮的色彩計劃或設計，我就是用這種方法示範給學生看的。

　　圖一二八　口紅的咖啡，腮紅的鮭魚紅，眼影的灰咖啡以及頭髮的朱紅與褐色，都是暖色系裡的類似色內，頭髮部份的示範約1.5分鐘

寒色系之髮色例

圖一二九

圖一三0

103

設計圖例

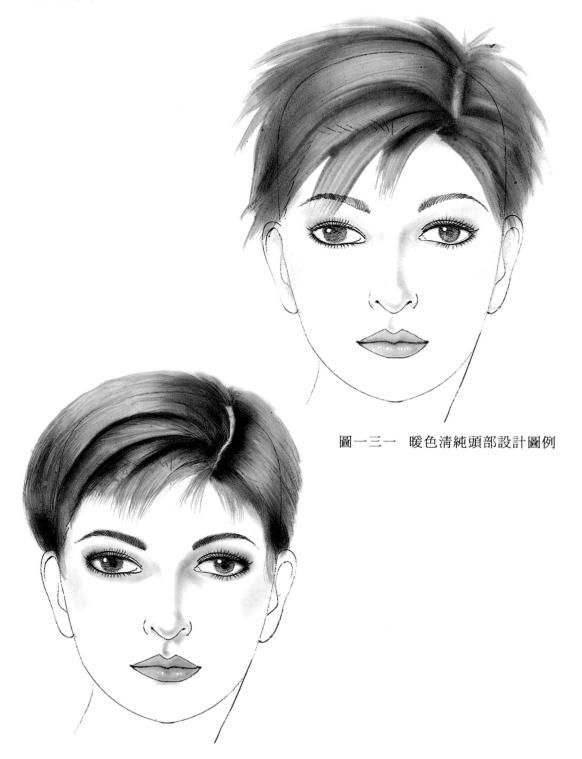

圖一三一　暖色清純頭部設計圖例

圖一三二　寒色清純頭部設計圖例

暖色設計圖例

圖一三三

圖一三四

寒色設計圖例

圖一三五

圖一三六

第十四章　新娘妝

　　一輩子只有一次的大喜之日，每位女性都希望做為新娘的當天是她一生最美麗的一天，因此都有偏向於濃妝的傾向，但濃妝並不適合每個人，有時候反而遮掩了妳本來擁有美的本質，您必需選擇最了解妳的設計師來事先溝通，把自己最美的特質表現出來，才不會有所遺憾。

　　清純新婚妝：第十章第四節中所提到的四種基本膚性，如果妳是年輕膚色又屬於①或③的人就非常適合清純新婚妝，如果你是屬於①號膚色的話就適合圖一三七的，如果屬於③號膚色的話就適合圖一三八的彩妝。

圖一三七

圖一三八

107

華麗新娘妝：

　　膚色屬於四類中的②號或④號，或年齡較成熟的女性較適合華麗些的打扮，但基本上也需要考慮到其膚色，圖一三九適合暖色膚性，圖一四0適寒色膚性。

圖一三九

圖一四0

第十五章　舞台妝

　　舞台妝指的是當妳上舞台做各種活動時所施的彩妝，一般又分小舞台與大舞台，小舞台指的是一般室內規模較小的舞台，有如音樂裡適合室內樂的場合，大舞台指的是歌劇院之類的正式舞台，有如大型交響樂團演奏的場合。

　　圖一四一、圖一四二為小舞台妝的實例，圖一四三為大舞台妝的實例，大舞台由於演者與觀眾有段距離，因此以能突顯的暖色系明度差距大的彩妝形式為宜，圖一四四為一般表演性的晚會彩妝。

圖一四一　暖色系的小舞台妝

圖一四二　寒色系的小舞台妝

圖一四三　大舞台妝能突顯的高彩度暖色系為宜

圖一四四　表演性較高的彩妝

第十六章　著作作品

圖一四五　在西子灣觀賞海浪據印象所作的髮型設計

圖一四六　一九九二年著者在上海美術館舉行的服裝畫展時的海報(部份)

圖一四七 一九九二年著者在上海美術館舉辦的服裝畫中的作品之一(部份)
原作由上海一位服裝店老闆娘收藏

圖一四八　2000年著者在高雄文化中心舉辦的流行設計展所用的海報，
本作品是依據Y.S.L.在2000年所發表的2001年秋冬高級訂製服發表會中的作
品繪製，本作品最難的地方是帽子下的臉上的影子的彩妝以及鬥牛裝短外
套的布料表現

圖一四九　2000年流行設計展中所展出的作品之一，本作品最難的地方是髮絲的表現

圖一五0　一九八0年著者在銘傳商設教學時示範給學生看的作品，使用水彩．白膠與廣告顏料

『美容美髮專書-1』

美容 美髮與色彩

出 版 者：新形象出版事業有限公司
負 責 人：陳偉賢
地　　址：台北縣中和市中和路322號8F之1
電　　話：29207133 · 29278446
Ｆ Ａ Ｘ：29290713
編 著 者：蕭本龍
總 策 劃：范一豪
美術編輯：劉寶汝
電腦美編：黃筱晴、洪麒偉
封面設計：黃筱晴

總 代 理：北星圖書事業股份有限公司
地　　址：台北縣永和市中正路462號5F
門　　市：北星圖書事業股份有限公司
地　　址：永和市中正路498號
電　　話：29229000
Ｆ Ａ Ｘ：29229041
網　　址：www.nsbooks.com.tw
郵　　撥：0544500-7北星圖書帳戶
印 刷 所：利林彩藝印刷股份有限公司
製 版 所：興旺彩色印刷製版有限公司

行政院新聞局出版事業登記證／局版台業字第3928號
經濟部公司執照／76建三辛字第214743號

西元2001年10月　第一版第一刷　　定價：420元

國家圖書館出版品預行編目資料

美容美髮與色彩／蕭本龍編著 。--第一版 。--
臺北縣中和市：新形象 ，2001〔民90〕
　　面；　 公分 。--（美容美髮專書；1）

　ISBN 957-2035-17-7（平裝）

　1.化妝術　2.髮型　3.色彩(藝術)

424　　　　　　　　　　　　90016257